AF573500

MÉMOIRE

SUR

LES MOYENS D'ÉTABLIR EN FRANCE UN CORPS D'ARCHITECTES

POUR L'EXÉCUTION DES TRAVAUX ET BATIMENS PUBLICS ET COMMUNAUX.

IMPRIMERIE DE F. GIGAULT D'OLINCOURT,

RUE ROUSSEAU, N.° 19, A BAR-LE-DUC.

MÉMOIRE

SUR

LES MOYENS D'ÉTABLIR EN FRANCE UN CORPS D'ARCHITECTES

POUR L'EXÉCUTION

DES TRAVAUX ET BATIMENS PUBLICS ET COMMUNAUX;

Par M. F. Gigault d'Olincourt,

ANCIEN ÉLÈVE DE L'ACADÉMIE ROYALE DES BEAUX-ARTS D'ANVERS,

ARCHITECTE DE LA 1.re DIVISION DE LA MEUSE,

DIRECTEUR DES TRAVAUX DE SONDAGE ET POUR LA RECHERCHE DES MINES DANS LES DÉPARTEMENS DE LA MEUSE, DE LA MEURTHE ET DES VOSGES,

Membre de la Société d'encouragement pour l'Industrie nationale, des Sociétés de *Statistique universelle*, des *Progrès agricoles*, de *l'Union encyclopédique*, de *l'Académie de l'Industrie*, *d'encouragement pour l'Instruction élémentaire*, etc.

A PARIS,

Chez J. F. CORDIER, Libraire, rue de la Vrillière, N.° 2;

A BAR-LE-DUC,

CHEZ F. GIGAULT D'OLINCOURT,

Lithographe et Imprimeur-Libraire, rue Rousseau, N.° 19.

1832.

A Monsieur

le baron Hély d'Oyssel.

A Monsieur
le baron Hély d'Oyssel,
Conseiller d'Etat, Membre de la chambre des Députés,
Président du Conseil des Bâtimens civils,
Officier de l'Ordre royal de la Légion d'honneur, &c., &c.

Monsieur,

Sur tous les points de la France, de cette patrie des beaux arts, le besoin d'une loi, ou de réglemens généraux, sur le service des travaux et bâtimens publics et communaux et sur l'organisation du corps des architectes se fait vivement sentir.

Les corps des Ponts et Chaussées, des Mines, du Genie, des Ingénieurs-géographes, l'administration du Cadastre, &c,

doivent à l'Etat leurs réglemens et leur organisation. Chaque jour ces institutions s'améliorent, les résultats les plus utiles, des opérations bien conçues, des progrès marquans en sont la conséquence. Ces exemples sont jusqu'alors sans fruit, sans application, pour le service des travaux et bâtimens publics et communaux, cependant on doit concevoir qu'une réunion d'architectes, d'artistes et d'entrepreneurs, dont les connaissances seraient variées, étendues, et toutes d'applications aux arts utiles et à l'industrie, aurait les résultats les plus avantageux. Cette pensée, ces réflexions, sont la base du Mémoire que j'ai l'honneur de vous présenter. Mes idées, jetées au hazard sur le papier, rencontreront sans doute de l'opposition avant d'être reques, mais j'ose espérer qu'en faveur du motif qui m'a déterminé à les publier, elles seront accueillies avec indulgence.

Je suis, avec le plus profond respect,

Monsieur,

Votre très-humble & très-obéissant serviteur.

F. Gigault d'Olincourt.

Bar-le-Duc, le 30 août 1832.

MÉMOIRE

SUR LES MOYENS D'ÉTABLIR EN FRANCE

UN CORPS D'ARCHITECTES

POUR L'EXÉCUTION

DES TRAVAUX ET BATIMENS PUBLICS ET COMMUNAUX (1).

La plupart de nos départemens éprouvent le besoin d'une organisation en corps d'administration des architectes institués pour la rédaction des projets de constructions et l'exécution des divers travaux à la charge des communes; la majeure partie de leurs revenus, des affectations particulières de fonds, des contributions extraordinaires et des dons volontaires, sont les moyens employés pour couvrir les dépenses des constructions qui se multiplient sur tous les points de la France. Certes, l'importance de ces travaux mérite d'attirer l'attention de l'autorité qui veille à l'emploi le plus avantageux de ces deniers réunis pour opérer l'établissement et la construction de nouveaux

(1) Extrait de la 6.e livraison, T. 1, de l'*Architecte*. Notions sur l'art de bâtir et de décorer les édifices. A Paris, rue Cassette, n.o 23. Prix annuel de la souscription :

Pour Paris 25 fr. — Pour les départemens 30 fr. — Pour l'étranger 35 fr.

temples, de bâtimens destinés à l'instruction publique, de bazars et marchés pour la vente des produits industriels et agricoles, de routes et canaux pour ménager de nouvelles relations, de nouveaux débouchés, enfin les divers travaux d'utilité publique ou communale.

On se donna beaucoup de soins pour organiser dans chaque département le service des travaux d'architecture et de construction; plusieurs modes furent suivis; on adopta dans chaque localité celui qui parut le plus convenable, et cependant des difficultés se présentèrent de toutes parts, et empêchèrent une organisation complète, uniforme et stable.

La multiplicité des arrêtés et des réglemens qui régissent les travaux à la charge des communes et des établissemens publics fait vivement désirer une nouvelle organisation, un travail en harmonie avec les besoins des communes; enfin un résumé des devoirs des architectes, pour les obliger à une complète observance de ce qui serait ordonné et à construire de manière à ne pas compromettre plus long-temps les intérêts des communes pour lesquelles ils opèrent, ou ceux des entrepreneurs qui se chargent de l'exécution de leurs projets.

Pour parvenir à ce résultat, l'on doit d'abord s'occuper de l'instruction à donner aux élèves destinés au corps des architectes; cette instruction, comme le prouve M. Douliot, professeur d'architecture et de construction à l'Ecole royale gratuite de Mathématiques et de Dessin, etc., dans ses *Considérations sur l'enseignement de l'architecture*, et sur les moyens propres à former des architectes, tels que l'état des sciences et les besoins de la société les réclament, doit commencer avec l'enfance, et suivre une marche méthodique pour éviter les pertes de temps que l'étendue dés connaissances à acquérir rendrait irréparable.

M. Douliot démontre, avec cette supériorité de talent qui le distingue, que l'architecte doit posséder la connaissance « de l'arithmétique, les élémens d'al-
« gèbre, la géométrie élémentaire poussée jusqu'à la
« trigonométrie rectiligne, les sections coniques et
« les surfaces du second ordre les plus usuelles, la
« géométrie descriptive, le dessin d'architecture, la
« coupe des pierres, la charpente, la serrurerie, la
« menuiserie, les élémens de physique, y compris la
« mécanique et l'hydraulique, les élémens de chimie et
« de minéralogie, l'application de toutes ces sciences
« à la théorie de la stabilité et de la durée des édifi-
« ces, les lois et coutumes du voisinage pour ce qui
« concerne les constructions, enfin les principes de la
« composition et de la décoration (1). »

A ces connaissances utiles ou indispensables, l'élève devra joindre l'étude du dessin des machines et du plan topographique, des lois et coutumes qui régissent les chemins et cours d'eaux, la connaissance des plantes et arbustes employés pour la décoration,

(1) Extrait du *Recueil industriel, agricole, commercial et des Beaux-arts*, publié par M. de Moléon, rue des Capucines, n.° 13 bis. Le prix de l'abonnement est, pour Paris, de 30 fr., pour les départemens 36 fr. et pour l'étranger 42 fr.

quelques notions d'agriculture, et se mettre au courant des découvertes de notre siècle pour en essayer l'application en tant qu'elles se rattachent à la construction architecturale.

Je ne puis me dispenser de rapporter ici l'opinion de Vitruve sur les qualités personnelles d'un architecte, puisque cette opinion complète le tableau de nos devoirs donné par le savant professeur M. Douliot.

« Je sais bien, dit-il, qu'une partie du monde es-
« time que la principale sagesse est celle qui nous
« rend capables d'amasser de grandes richesses, et
« qu'il s'est trouvé des gens assez heureux pour ac-
« quérir des biens et de la réputation tout ensemble;
« mais la plupart ne mettent leurs soins qu'à briguer
« de grands emplois, et moi j'ai appris de mes maî-
« tres qu'il faut qu'un architecte attende qu'on le prie
« de prendre la conduite d'un ouvrage, et qu'il ne
« peut, sans rougir, faire une demande qui le fait
« passer pour intéressé, puisqu'on sait qu'on ne sol-
« licite pas les gens pour leur faire du bien, mais
« pour en recevoir d'eux. En effet, que doit penser
« celui qu'on prie de donner son bien pour être
« employé à une grande dépense, sinon que celui
« qui le demande espère y faire un grand profit,
« au préjudice de celui à qui il le demande. C'est
« pourquoi l'on s'informait autrefois, avant que
« d'employer un architecte, et de sa naissance et de
« son éducation, et l'on se fiait plus à celui dans le-
« quel on reconnaissait de la modestie qu'à ceux qui
« affectaient de paraître fort capables. La coutume

« de ce temps-là était aussi que les architectes n'ins-
« truisaient que leurs enfans et leurs parens, ou bien
« ceux qu'ils jugeaient capables d'acquérir les grandes
« connaissances requises dans un architecte et de la
« fidélité desquels ils pouvaient répondre.

Les diverses connaissances qu'un architecte doit posséder ne peuvent être transmises que dans une école spécialement formée pour le corps. Il serait donc utile d'établir, dans chaque département, sous le titre d'*Institut industriel*, ou d'*Académie des beaux-arts*, les cours nécessaires pour former les élèves architectes; les leçons pourraient être suivies en outre par d'autres élèves pour un art ou une science en particulier; ce qui permettrait aux artisans, artistes, etc., de profiter d'un établissement aussi utile, de développer leurs dispositions naissantes, et peut-être de se disposer à des études plus étendues.

Chaque institut industriel aurait un directeur et quelques professeurs entre lesquels les cours seraient répartis comme je vais l'indiquer :

Arithmétique et Élémens d'algèbre;

Géométrie et Mécanique des arts et métiers;

Dessin linéaire et Plan topographique;

Ornement, Paysage, Figure, Antique;

Architecture;

Élémens de physique, chimie, minéralogie, etc. appliqués aux arts et métiers;

Lois du voisinage, Régime des eaux, etc.; Composition.

L'édifice consacré à la tenue des cours pourrait également recevoir une bibliothèque publique, un cabinet d'histoire naturelle, de physique, etc.; un musée, un conservatoire des arts et métiers et une salle d'exposition des produits du sol, de l'industrie et des beaux-arts. Cette réunion présenterait aux élèves des facilités, des ressources, des encouragemens incalculables, et donnerait sur tous les points de la France un nouvel élan pour l'étude des sciences et des arts.

Obtenir des résultats plus exacts et plus prompts serait le but que devrait se proposer chacun des professeurs; dès-lors on éviterait les définitions abstraites et l'on se rapprocherait autant que possible de la simplicité nécessaire dans les procédés des arts. On conduirait les élèves à donner par eux-mêmes quelques démonstrations, et l'on applaudirait à celles qui indiquerait la rectitude du jugement ou une parfaite conception; les meilleures définitions et démonstrations données par les élèves pourraient être inscrites sur un registre qui consacrerait ainsi leurs efforts, le résultat de leur travail et le développement de leur génie. Cette méthode de transmettre l'instruction conduirait sans doute à d'heureux résultats; l'indulgence et les soins des professeurs encourageraient les élèves; la science ramenée à ses plus simples expressions faciliterait leurs études, et bientôt on verrait nos ouvriers, principalement les entrepreneurs chargés des projets des architectes, fréquenter les cours et se former ainsi à une exécution plus correcte, plus prompte et plus solide.

L'institut industriel pourrait être établi dans un bâtiment public, dans quelques salles du collège ou de l'hôtel-de-ville. Le directeur de cet établissement serait choisi dans le corps des architectes, le professeur de mathématiques du collége, quelques architectes et le professeur de dessin de la ville, au moyen de supplémens d'appointemens, seraient chargés des cours et de la conservation de la bibliothèque et des collections. Par ce mode, ce nouvel établissement ne pourrait être que peu coûteux, ce qui en faciliterait la création; les fonds indispensablement nécessaires seraient sans doute votés par les communes et le département, et, dans le cas d'insuffisance, un appel aux fonctionnaires publics, aux manufacturiers, à toutes les personnes qui s'occupent de l'industrie ou l'encouragent, ne manquerait certainement pas son effet; d'ailleurs, une partie des frais serait couverte par le prix que l'on fixerait aux élèves pour leur admission dans l'institut, ou leur participation aux leçons données.

Chaque année une exposition serait faite à la suite des concours, et cette exposition serait elle-même suivie d'une distribution de prix, de médailles et d'encouragemens. Les objets couronnés appartiendraient à l'institut et augmenteraient les collections, dont la majeure partie proviendrait de dons; les noms des auteurs et donateurs seraient inscrits sur chaque objet.

Par les moyens qui viennent d'être développés, on encouragerait l'élève, on exercerait graduellement ses facultés, on le mettrait aussi promptement que possible à même d'exécuter avec facilité et pureté, et celui qui aurait obtenu les divers prix pourrait être placé avantageusement chez un architecte où il achèverait de recevoir les connaissances nécessaires, en s'occupant de l'application de celles jusqu'alors acquises par lui.

Non-seulement, comme je viens de le dire, *l'Institut industriel ou Académie des beaux-arts*, produirait de bons élèves pour le corps des architectes, mais la plupart des artistes, des étudians, des employés, des fabricans, etc., y puiseraient des connaissances utiles, et nos ouvriers surtout y trouveraient l'instruction qui leur est indispensable pour faciliter l'exécution de leurs travaux les plus simples; sans doute ils ne pourront apporter dans l'exécution, dans la pratique des arts, l'exactitude de la théorie, mais ils en approcheront autant que possible, et pourront s'énorgueillir de résultats plus heureux; la perfection de leur main-d'œuvre sera rendue publique par les prix qu'ils obtiendront et l'exposition de leurs produits, et ces ouvriers seront alors choisis de préférence par leurs concitoyens et par l'administration pour l'exécution des divers travaux.

Après avoir proposé, principalement pour l'architecture et la construction, un mode d'instruction puisé dans les savantes observations de M. le baron Charles Dupin, il nous reste à employer les connaissances acquises par les élèves, et à conserver en eux cette noble émulation qui peut les conduire à acquérir les connaissances plus étendues, qui doivent un jour les rendre dignes des faveurs de l'administration, sage appréciatrice de leurs talens. Cette émulation, qui seule peut former les sujets, sera conservée en établissant une échelle de grades; l'espoir de l'avancement enflammera le zèle des employés, développera leurs dispositions, et finira par créer à l'administration une masse de sujets capables, parmi lesquels elle pourra choisir pour les emplois du corps des architectes.

Le premier grade auquel parviendrait un élève dont la capacité aurait été éprouvée par son architecte, serait celui de piqueur; il serait alors chargé de la surveillance des ouvriers, de chainages et métrages, et de quelques détails des travaux et constructions: c'est alors que commencerait son étude du terrain et qu'il étendrait ses connaissances sur les moyens pratiques d'exécution.

Le deuxième grade utile serait celui de conducteur des travaux, chargé spécialement de la surveillance des constructions sur le terrain, des levées et nivellemens nécessaires, de l'examen des matériaux, de suivre l'exécution des projets dressés et de recevoir les travaux, le tout sous la direction et d'après les ordres des architectes, qu'ils seraient en outre tenus de seconder dans la rédaction des projets; par ce moyen, le conducteur des travaux finirait par posséder toutes les connaissances nécessaires pour parvenir au grade immédiatement supérieur.

Les architectes seraient chargés des différens travaux et des constructions à la charge des communes, établissemens publics, etc. ; la rédaction des projets serait faite dans leurs bureaux; ils surveilleraient en outre les constructions et feraient les réceptions des travaux.

Un sous-inspecteur des travaux et bâtimens publics et communaux serait institué dans chaque arrondissement : ce sous-inspecteur serait chargé d'une partie de la surveillance des divers agens, d'examiner les projets et des vérifications tant des travaux sur le terrain que de toutes les pièces dressées au cabinet.

Un inspecteur des travaux et bâtimens publics et communaux résiderait au chef-lieu du département : il serait chargé du personnel, de la distribution des projets, de la révision du travail, de prononcer sur les examens faits par les sous-inspecteurs, de fixer et arrêter les sommes dues aux architectes et entrepreneurs, des contre-vérifications, enfin de la direction de l'ensemble du service.

Cette administration des travaux publics par département serait subordonnée aux savans architectes composant le conseil des bâtimens civils institué à Paris, et recevrait de lui les instructions, la direction et les ordres nécessaires au bien du service.

La nouvelle organisation du corps des architectes étant projetée, il nous reste à faire ressortir combien elle serait avantageuse aux intérêts des communes et des établissemens publics, en assurant la prompte et bonne exécution de leurs travaux.

Lorsqu'un projet serait ordonné, sur l'envoi du

préfet du département, l'inspecteur désignerait l'architecte par lequel il devrait être exécuté, et préviendrait son sous-inspecteur pour qu'il ait à en surveiller et vérifier l'exécution. Chaque demande d'un projet, serait accompagnée d'une estimation de son montant, de l'indication des ressources ou des fonds que l'on affecte à son exécution, et de renseignemens sur l'utilité de la chose en projet, sur son étendue, etc.; de manière à donner une idée exacte de l'intention des intéressés, afin que l'architecte arrive sur les lieux avec quelques connaissances préalables, qui lui permettent de remplir plus exactement les vues de l'autorité locale, qui peuvent être la suite de l'expression des besoins des habitans, et le résultat de réflexions mûries par l'expérience.

Les architectes se rappelleront que leur premier devoir est d'employer les deniers communaux de la manière la plus judicieuse, et que leurs constructions doivent être en rapport avec les besoins des localités, la population de la commune, et surtout avec ses revenus. Cette partie des devoirs des architectes sera rigoureusement surveillée par les sous-inspecteurs, lors de leurs tournées et de leurs examens.

Les visites des édifices communaux, afin de déterminer leur situation et les réparations et changemens nécessaires, ne sont pas faites avec assez d'exactitude par l'autorité locale, en sorte que ces édifices souffrent, et qu'on ne s'occupe de leur rétablissement que lorsque certaines de leurs parties nécessitent des reconstructions onéreuses : pour parer à cet inconvénient, l'inspecteur pourra, sur le rapport des sous-inspecteurs, provoquer les réparations nécessaires.

Pour mieux assurer encore l'entretien des édifices et bâtimens communaux, sur les renseignemens qui pourraient lui parvenir, l'inspecteur désignera annuellement à chaque sous-inspecteur une partie des communes de son arrondissement qu'il sera tenu de parcourir, non-seulement pour reconnaître les réparations à faire aux bâtimens, mais encore pour examiner les diverses propriétés communales ou publiques, et faire un rapport circonstancié sur le résultat de sa visite.

Par la reconnaissance des propriétés communales, on mettrait un terme aux anticipations, puisque leurs détenteurs ne pourraient jamais s'appuyer que d'une possession de quelques années, rejetée lorsque l'on traite la question de propriété; cette reconnaissance ferait l'objet d'un rapport particulier, dans lequel le sous-inspecteur donnerait son opinion, 1° sur les anticipations commises, 2° sur les travaux à faire pour améliorer les propriétés, et 3° sur la fixation de leurs limites par des fossés ou par un abornement. Ce travail ne pourrait s'étendre sur les bois possédés par les communes, puisqu'ils sont dans la juridiction de de l'administration des eaux et forêts.

Les sous-inspecteurs seraient également tenus, lors de leurs visites, de s'occuper des anticipations sur les rues, sur les divers chemins vicinaux, publics ou de servitude et sur les cours d'eaux. Cette partie des devoirs imposés à l'autorité locale est ordinairement négligée, parce que les personnes qui en sont chargées sont domiciliées dans la commune et qu'elles craignent de se faire un ennemi de chaque usurpateur sur les propriétés publiques. La reconnaissance de ces anticipations doit donc nécessairement être faite par des personnes étrangères aux communes, et rentre dans les attributions des sous-inspecteurs. Après leurs parcours ils rédigeront, pour cette opération, un rapport indiquant, 1° les diverses anticipations ; 2° les changemens, élargissemens, redressemens et réparations à faire aux différentes voies publiques ; 3° leur opinion sur la nécessité d'aborner les chemins, 4° le résultat de leur examen des rues pour déterminer si des redressemens et alignemens sont nécessaires ; et 5° leur opinion sur l'état des cours d'eaux, sur la nécessité des curages, essartemens, redressemens, etc. Ainsi les diverses propriétés publiques et communales seraient conservées et régies par des fonctionnaires étrangers aux communes, c'est-à-dire absolument indépendans ; le même fonctionnaire, chargé annuellement des visites dont nous venons de faire connaître le résultat, finirait par connaître particulièrement les vrais intérêts des habitans, et pourrait diriger d'une manière plus convenable les demandes de travaux, réparations et constructions à faire dans une commune.

Lorsque la vente ou l'acquisition d'un immeuble se trouve nécessaire pour l'exécution d'un projet, une enquête *de commodo et incommodo* doit être faite pour éclairer l'autorité et lui faire connaître l'opinion des intéressés sur le projet de la commune. Cette enquête doit nécessairement être confiée à des architectes pour la rendre plus complète, plus régulière, et leur servir dans l'exécution du projet qui en sera la suite; effectivement, ce travail doit éclairer l'architecte sur les désirs des habitans, sur la nécessité ou l'inutilité de la chose en projet, sur les moyens d'exécution, sur les difficultés qui peuvent se rencontrer, et le conduire enfin à traiter les travaux qu'il aura à projeter et surveiller, par la suite, avec la connaissance parfaite des localités, et après avoir recueilli tous les renseignemens et documens désirables. L'enquête *de commodo et incommodo* devra être faite hors la présence des fonctionnaires municipaux, et après avoir fait publier et afficher à l'avance le jour et l'objet de l'opération, pour obtenir le plus possible d'opinions et de renseignemens.

Lorsqu'il s'agira de légères réparations ou de travaux de simple entretien pour des sommes au-dessous de cinq cents francs, les devis seront dressés par les conducteurs des travaux, ou même par les piqueurs; mais avant de recevoir leur exécution, ils seront examinés par le sous-inspecteur de l'arrondissement. Par ce moyen, l'administration sera plus assurée de la bonté des travaux exécutés, et que l'emploi des deniers communaux a été fait judicieusement. Ces devis sommaires ont jusqu'alors été traités plutôt en faveur des entrepreneurs que dans l'intérêt des communes; ces travaux ne sont ni surveillés ni reçus par un architecte, en sorte qu'on peut se permettre de douter de leur bonne exécution : il serait donc utile de mettre un terme à ce désordre. Le sous-inspecteur, lors de ses tournées, pourrait surveiller la confection de ces légers travaux.

Chaque architecte sera spécialement chargé d'un certain nombre de cantons d'un arrondissement, ce qui lui permettra d'acquérir une connaissance parfaite du genre de construction à adapter aux lieux, de la nature des matériaux, des produits du sol, des ressources et des besoins des communes; chargé de quelques cantons seulement, ses voyages seront moins longs, dès-lors il aura plus de temps à consacrer à l'étude de ses projets; les travaux se trouvant rapprochés et pour ainsi dire agglomérés, l'architecte et le conducteur pourront avoir une surveillance plus active sur les constructions. Ce motif seul devrait déterminer l'administration à renoncer à la nomination de ces architectes presque nomades, dont la plupart des instans sont employés en voyages, par l'obligation où ils sont de se transporter du midi au nord d'un département, pour y recevoir furtivement quelques renseignemens incomplets sur des projets qui doivent engloutir les revenus de deux communes qui y sont situées, tandis qu'à l'est leur présence est indispensable pour reconnaître un sol qui doit recevoir les fondations d'un temple, et que l'ouest les réclame pour l'examen des piles et des culées d'un pont. Ainsi les deux premiers projets sont traités sans entendre les vœux, sans connaître les besoins des habitans, l'entrepreneur du temple attend et les ouvriers de ses chantiers sont dans l'inaction, tandis que l'entrepreneur du pont continue, au compte d'une commune, des épuisemens coûteux jusqu'à l'arrivée de l'architecte voyageur.

Le seul moyen de remédier à ces abus est de partager chaque département en un certain nombre de divisions qui seront confiées aux architectes, comme je l'ai proposé plus haut, et de faire surveiller, examiner et vérifier leurs travaux, tant sur le terrain qu'au cabinet, par le sous-inspecteur de l'arrondissement.

Cette condition de vérification nous conduit à parler du soin et de l'exactitude que les architectes devraient apporter dans l'exécution de leurs opérations géométriques et dans la rédaction de leurs projets. Pour ce genre de travaux, une légère erreur sur les longueurs ou sur les superficies, détermine une erreur d'une bien autre importance sur les corps et les cubes; une erreur sur les levés peut conduire à projeter une distribution qui ne serait nullement exécutable. Un architecte ne peut donc apporter trop de soins dans ses opérations préliminaires; et lors de la vérification de ces travaux, nous pensons qu'on ne devrait tolérer qu'une différence d'un deux centième linéaire pour une opération étendue, et d'un centième sur les détails d'un levé. Pour les parties où le terrain présenterait des difficultés d'exécution, et, pour le levé des constructions, les différences ne pourraient jamais aller au-delà d'un centième pour les grandes dimensions, et du cinquantième pour les détails. L'inspecteur seul prononcerait l'acceptation ou le rejet des travaux ensuite du rapport dressé par le sous-inspecteur.

Pour mieux assurer la bonne exécution des travaux,

les architectes et sous-inspecteurs seraient tenus de se munir d'instrumens exacts, tels qu'un cercle entier ou un cercle répétiteur, un graphomètre ou pantomètre donnant les minutes de deux en deux, une équerre, un niveau avec mires parfaitement divisées, des mètres et des décamètres, des échelles en cuivre, rapporteurs, compas, etc. Ces divers instrumens seraient examinés et vérifiés par l'inspecteur des travaux.

Les architectes rédigeraient, pour chaque objet, les plans nécessaires à une échelle suffisamment grande pour faire sentir les détails de la construction, et un devis descriptif et estimatif contenant la détermination complète des devoirs de l'entrepreneur, l'explication de toutes les parties de la construction, et l'évaluation détaillée des fournitures et travaux. Après la vérification et l'acceptation des projets, les plans et devis resteraient déposés dans les bureaux de l'inspecteur, qui serait chargé de délivrer les copies nécessaires pour l'exécution des travaux, leur surveillance et leur réception. Ainsi toutes les pièces qui doivent garantir aux communes leurs droits et actions se trouveraient conservées chez le fonctionnaire chargé de prononcer sur l'exécution des travaux et sur les plaintes qui pourraient être faites par lesdites communes, les entrepreneurs ou tous autres intéressés.

Pour obtenir plus d'ensemble dans la rédaction des projets et plus d'exactitude dans l'établissement des prix, une commission de huit membres expérimentés, présidée par l'inspecteur des travaux et bâtimens publics, pourrait être chargée de la rédaction d'un tableau général des prescriptions, des conditions et des prix des fournitures et de la main-d'œuvre pour tout ce qui concerne les constructions; ce tableau serait obligatoire pour les architectes, et serait revu, amendé et corrigé à chaque variation du cours, principalement pour les fournitures. Ce tableau serait en quelque sorte un traité de l'architecture locale, ou le résultat de l'expérience des divers agens; les fonctionnaires de tous grades de l'administration des travaux publics et les entrepreneurs reçus seraient libres de fournir à la commission chargée de ce travail les renseignemens, observations, notes et documens qu'ils croiraient utiles.

Lorsqu'il s'agirait d'une construction vaste, son programme pourrait être dressé et le projet mis en concours entre les divers architectes du département. Les plans et devis des concurrens seraient remis au conseil des bâtimens établi à Paris, qui décernerait le prix fixé à celui qui aurait le mieux traité, suivant les conditions du programme. Par ce moyen d'encouragement, les architectes ne resteraient point stationnaires, et pourraient espérer un avancement qui serait toujours proportionné à leurs talens.

Pour assurer la bonne exécution des travaux projetés, on pourrait ne recevoir aux adjudications que les entrepreneurs munis d'un certificat de capacité délivré par l'un des architectes de l'administration, et visé par le sous-inspecteur de l'arrondissement dans lequel se trouve sa résidence.

Les adjudications des travaux se feraient généralement au rabais, pour obtenir la plus forte réduction possible sur le prix porté au devis ; mais dans la crainte de voir l'exécution de certains travaux tomber en des mains inhabiles, puisque chaque ouvrier ne possède que les connaissances propres à son état, l'adjudication au rabais que je viens d'indiquer ne serait qu'une mesure préalable pour connaître les entrepreneurs qui désirent le projet mis en adjudication et les sommes pour lesquelles ils se chargent de l'exécuter ; le préfet du département, l'inspecteur, et l'architecte rédacteur du projet, examineront dès-lors s'il ne conviendrait pas d'adjuger de préférence à l'un des soumissionnaires dont la capacité, la moralité et la solvabilité seraient inattaquables, plutôt qu'au dernier soumissionnaire, dont le rabais exorbitant pourrait faire soupçonner l'intention de traiter les travaux de manière à compromettre les intérêts de la commune pour laquelle le projet aurait été exécuté : ce n'est qu'après cette seconde formalité, qui laisserait le choix entre tous les compétiteurs, que le préfet du département prononcerait définitivement sur l'adjudication.

L'exécution des projets devra être rigoureusement surveillée par les architectes, les conducteurs et les piqueurs des travaux. Les entrepreneurs seront tenus de suivre exactement les prescriptions du devis et les plans dressés. Les changemens jugés nécessaires, pour des motifs de convenance, d'utilité ou d'économie, seront exécutés par les entrepreneurs, sur les simples ordres par écrit des architectes, chaque fois que ces changemens ne conduiront pas à élever la somme pour laquelle le projet aura été laissé en adjudication. Tout travail fait contrairement aux ordres donnés par l'architecte, aux règles de l'art ou avec des matériaux défectueux, sera renouvelé par l'entrepreneur ou à ses frais. Pour certains faits, abus ou contraventions graves, la déchéance de l'entrepreneur pourra être prononcée. L'entrepreneur sera tenu de surveiller par lui-même l'exécution de ses travaux, et ne pourra les abandonner qu'après en avoir reçu l'autorisation de l'architecte. L'entrepreneur sera tenu, à la demande de l'architecte, de congédier les ouvriers dont il aurait reconnu l'incapacité, l'insubordination ou le défaut de probité.

Pour mieux assurer encore la bonne exécution des travaux, le sous-inspecteur, lors de ses tournées, sera tenu de visiter les chantiers, pour reconnaître comment les divers projets en cours de construction se trouvent confectionnés et surveillés. Le résultat de ces tournées sera consigné dans un rapport qui sera transmis à l'inspecteur.

Pour établir de l'ordre dans l'exécution des travaux, tant au cabinet que sur le terrain, on pourrait ordonner à chaque agent de l'administration de fournir des états mensuels de situation, et de les transmettre à l'inspecteur, qui serait tenu de présenter au préfet des états trimestriels sur le personnel et sur la situation des travaux entrepris dans toute l'étendue du département.

Par l'organisation que je viens de proposer, les

travaux publics et communaux s'exécuteraient dans chaque département sous les ordres du préfet.

L'inspecteur, qui serait nommé par la commission des bâtimens instituée au ministère de l'intérieur, serait chargé de la direction et de la surveillance des travaux et des agens.

Les sous-inspecteurs, à la nomination du préfet, sur la proposition de l'inspecteur, seraient plus particulièrement chargés des vérifications et examens des travaux sur le terrain et au cabinet.

Les architectes aussi nommés par le préfet, sur la proposition du sous-inspecteur et le rapport de l'inspecteur, seraient chargés de l'examen des entrepreneurs, de la rédaction des projets, de la surveillance et de la réception des travaux.

Les conducteurs, à la nomination de l'inspecteur, sur la proposition d'un architecte et l'avis du sous-inspecteur, seraient adjoints aux architectes, pour les seconder dans leurs travaux et les représenter dans les communes, principalement pour la surveillance des entrepreneurs.

Les piqueurs seront nommés par les architectes, et agréés par les sous-inspecteurs.

Pour compléter l'organisation du service des travaux publics et communaux, et la rendre uniforme sur tous les points de la France, des inspecteurs-généraux pourraient être choisis par M. le ministre du commerce et des travaux publics, principalement parmi les membres du conseil des bâtimens. Ces inspecteurs-généraux, dans leurs tournées, seraient chargés de vérifier si les travaux sont soigneusement projetés et exécutés, si les réglemens sont exactemens suivis ; enfin, d'inspecter tout ce qui compose l'administration des travaux publics. Le résultat de leurs examens conduirait sans doute à prendre de nouvelles mesures et à former un recueil de réglemens et d'instructions sur toutes les parties du service.

Imp. de F. d'Olincourt, rue Rousseau, n.° 19, à Bar-le Duc.

www.ingramcontent.com/pod-product-compliance
Lightning Source LLC
LaVergne TN
LVHW050505160826
845677LV00003B/948

* 9 7 8 2 3 2 9 6 5 3 0 4 4 *